BAOTENG RADIO

BIBEL FÜR

ANFÄNGER

NEUAUFLAGE

Ethan Ben Lane

BAOTENG RADIO BIBEL FÜR ANFÄNGER

NEUAUFLAGE

Der komplette Guerilla-Leitfaden zur Beherrschung der Funkkommunikation

Ethan Ben Lane

Inhaltsverzeichnis

Einführung

„Kommunikation ist die Lebensader jedes Betriebs, egal wie klein oder groß." – **Ethan Ben Lane**

Kostenlose Bildquelle: Pexels.com – Person mit Walkie-Talkie

In einer unvorhersehbaren Welt, in der Naturkatastrophen, Notfälle und sogar taktische Operationen ohne Vorwarnung eintreten können, wird zuverlässige Kommunikation zur Lebensader für Überleben und Erfolg. Egal, ob Sie ein Prepper,

Survivalist, Amateurfunker oder jemand sind, der in kritischen Momenten in Verbindung bleiben möchte, die Beherrschung der Kunst der Funkkommunikation ist unerlässlich. Unter den unzähligen verfügbaren Tools stechen **Baoteng-Radios** als vielseitige und erschwingliche Lösung hervor.

Dieses Buch, *Baoteng Radio Bible für Anfänger: Der komplette Guerilla-Leitfaden zur Beherrschung der Funkkommunikation* , dient als umfassendes Handbuch, das die Welt der Baoteng-Funkgeräte entmystifizieren soll. Von der Kenntnis ihrer Geschichte und Entwicklung bis hin zur Beherrschung fortgeschrittener Funktionen und taktischer Anwendungen ist dieses Handbuch darauf zugeschnitten, sowohl Anfängern als auch erfahrenen Benutzern zu helfen, sich in den Komplexitäten der Funkkommunikation zurechtzufinden.

Warum Baoteng-Radios?

Baoteng-Funkgeräte erfreuen sich aufgrund ihrer Erschwinglichkeit, Zuverlässigkeit und robusten Ausstattung großer Beliebtheit. Diese Geräte bieten eine perfekte Mischung aus Funktionalität und Benutzerfreundlichkeit und sind damit die erste Wahl für verschiedene Szenarien wie:

- Notfallvorsorge
- Outdoor-Abenteuer wie Wandern und Camping
- Taktische und Guerilla-Operationen

Ob Sie während einer Naturkatastrophe kommunizieren, eine Gruppe an einem abgelegenen Ort koordinieren oder eine sichere Kommunikation in Umgebungen mit hohem Risiko gewährleisten müssen, die Funkgeräte von Baoteng sind dieser Aufgabe gewachsen.

Was Sie in diesem Buch lernen werden

Dieses Buch ist in sechs umfassende Teile unterteilt, die alles von grundlegenden Setups bis hin zu fortgeschrittenen taktischen Strategien abdecken. Hier ist eine kleine Vorschau auf das, was Sie gewinnen werden:

- **Teil 1:** Grundlegendes Wissen über Baoteng-Radios, einschließlich ihrer Geschichte und Grundkonfiguration.
- **Teil 2:** Schritt-für-Schritt-Anleitung zum Programmieren Ihres Radios und Erkunden verschiedener Betriebsmodi.
- **Teil 3:** Erweiterte Funktionen zur Verbesserung der Leistung Ihres Radios, z. B. die Verbindung mit externen Geräten und die Verbesserung der Signalreichweite.
- **Teil 4:** Praxisanwendungen im Amateurfunkbetrieb, in Notfallszenarien und bei der Wetterüberwachung.

- **Teil 5:** Taktische Strategien zur sicheren Kommunikation in Guerilla- und Überlebenssituationen.
- **Teil 6:** Fortgeschrittene Techniken wie Verschlüsselung und zukünftige Trends in der Funkkommunikation.

Für wen ist dieses Buch?

Egal, ob Sie gerade erst anfangen oder Ihr Wissen vertiefen möchten, dieses Buch ist für:

- Anfänger, die neugierig auf Baoteng-Radios und ihr Potenzial sind.
- Begeisterte Menschen, die sich auf die Notfallvorsorge spezialisiert haben und auf der Suche nach zuverlässigen Kommunikationsmitteln sind.
- Taktische Operatoren, die sichere und effiziente Kommunikationskanäle benötigen.
- Jeder, der seine Überlebensfähigkeiten durch effektive Funkkommunikation verbessern möchte.

So verwenden Sie dieses Buch

Jedes Kapitel enthält klare, umsetzbare Schritte, die Ihnen dabei helfen, die wichtigsten Konzepte zu verstehen. Um Ihren Lernprozess zu verbessern, haben wir auch einen Referenzabschnitt mit Bildern hinzugefügt, die praktische Demonstrationen der besprochenen Themen bieten.

Wenn Sie dieses Buch beendet haben, verfügen Sie über die Fähigkeiten und das Selbstvertrauen, Baoteng-Funkgeräte in jeder Situation effektiv einzusetzen. Begeben wir uns auf diese Reise, um die Kunst der Funkkommunikation zu meistern!

Teil 1: Baoteng Radio-Grundlagen

Bildquelle: Medium.com – Baoteng Radio

Kapitel 1: Das Erbe der Baoteng-Radios verstehen

Baoteng-Funkgeräte haben sich in der Welt der Kommunikation eine einzigartige Nische geschaffen. Diese Funkgeräte sind für ihre Zuverlässigkeit, Vielseitigkeit und Erschwinglichkeit bekannt und sind für Enthusiasten und Profis gleichermaßen unverzichtbar. Egal, ob Sie Hobbyist, Ersthelfer oder jemand sind, der sich auf Notfälle vorbereitet, Baoteng bietet ein Kommunikationstool, das sowohl leistungsstark als auch einfach zu bedienen ist.

Entwicklung tragbarer Radios: Eine kurze Geschichte

Die Entwicklung tragbarer Funkgeräte reicht bis ins frühe 20. Jahrhundert zurück, als die ersten bidirektionalen Kommunikationsgeräte die militärische und zivile Kommunikation revolutionierten. Anfangs waren Funkgeräte sperrig und hatten nur eine begrenzte Reichweite, doch im Laufe der Jahrzehnte haben sie sich dramatisch weiterentwickelt. Die Einführung tragbarer Geräte im späten 20. Jahrhundert markierte einen Wendepunkt und ermöglichte eine nahtlose Kommunikation unterwegs.

Baoteng entstand in dieser Zeit des Wandels und nutzte den technologischen Fortschritt, um kompakte, benutzerfreundliche Funkgeräte anzubieten. Ihre Erschwinglichkeit und Vielseitigkeit machten sie zu einem Favoriten unter Funkamateuren, Survivalisten und Profis in verschiedenen Bereichen.

Wichtige Meilensteine in der Entwicklung von Baoteng

Der Weg von Baoteng ist durch mehrere wichtige Innovationen gekennzeichnet:

- **Einführung des Modells UV-5R** : Dieses Modell war bahnbrechend und bietet Dualband-Funktionalität, robuste Verarbeitungsqualität und eine breite Palette an Funktionen zu einem unschlagbaren Preis.

- **Erweiterung um erweiterte Funktionen** : Im Laufe der Jahre hat Baoteng Funktionen wie programmierbare Speicherkanäle, erweiterte Frequenzbereiche und verbesserte Haltbarkeit integriert.
- **Weltweite Einführung** : Baoteng-Funkgeräte werden heute weltweit eingesetzt und überbrücken Kommunikationslücken in den unterschiedlichsten Umgebungen – von städtischen Gebieten bis hin zu abgelegenen Wildnisgebieten.

Warum Baoteng in der Welt der Kommunikation hervorsticht

Baoteng-Funkgeräte sind nicht nur beliebt, sie werden aus mehreren Gründen bevorzugt:

- **Erschwinglichkeit** : Hochwertige Radios zu einem Bruchteil der Kosten der Konkurrenz.
- **Benutzerfreundlichkeit** : Einfache Schnittstellen machen sie für Anfänger und Profis gleichermaßen zugänglich.

- **Vielseitigkeit** : Dank anpassbarer Funktionen und Kompatibilität mit einer breiten Palette an Zubehör passen sich Baoteng-Funkgeräte an unterschiedliche Kommunikationsanforderungen an.

- **Zuverlässigkeit** : Sie sind für den Einsatz unter anspruchsvollen Bedingungen konzipiert und bieten konstante Leistung, wenn es am wichtigsten ist.

Kapitel 2: Einrichten Ihres Baoteng-Radios

Die ersten Schritte mit Ihrem Baoteng-Radio sind eine spannende Angelegenheit. Dieses Kapitel führt Sie durch die Ersteinrichtung und stellt sicher, dass Sie in kürzester Zeit effektiv kommunizieren können.

Auspacken und erster Blick: Was Sie erwartet

Wenn Sie Ihr Baoteng-Radio auspacken, finden Sie:

- Das Radiogerät selbst
- Eine abnehmbare Antenne
- Ein wiederaufladbarer Akku
- Eine Ladestation und ein Netzteil
- Ein Gürtelclip für einfaches Tragen
- Ein Ohrhörer oder Headset (je nach Modell)
- Ein Benutzerhandbuch zum schnellen Nachschlagen

Stellen Sie sicher, dass alle Komponenten vorhanden und unbeschädigt sind, bevor Sie fortfahren.

Zusammenbau der Komponenten: Batterien, Antennen und Zubehör

Befestigen Sie zunächst den Akku am Radio. Die meisten Baoteng-Modelle verfügen über einen einfachen Verriegelungsmechanismus zur Sicherung des Akkus. Schrauben Sie anschließend die Antenne oben am Radio fest. Dieser Schritt ist entscheidend, um einen optimalen Signalempfang und eine optimale Signalübertragung zu gewährleisten.

Zusätzliches Zubehör wie Gürtelclips oder Ohrhörer können bei Bedarf angebracht werden, um Ihr Benutzererlebnis zu verbessern. Stellen Sie sicher, dass jede Komponente sicher befestigt ist, um versehentliche Trennungen zu verhindern.

Machen Sie sich mit der Benutzeroberfläche und den Menüs vertraut

Baoteng-Funkgeräte verfügen über eine einfache Benutzeroberfläche, die für eine intuitive Nutzung konzipiert ist:

- **Tastatur und Tasten** : Die Tastatur ermöglicht die manuelle Frequenzeingabe und Menünavigation. Zusätzliche Tasten bieten schnellen Zugriff auf Funktionen wie Scannen und Lautstärkeregelung.
- **LCD-Anzeige** : Der Bildschirm mit Hintergrundbeleuchtung bietet wichtige Informationen, darunter die aktuelle Frequenz, den Batteriestatus und die Kanalnummer.
- **Menünavigation** : Verwenden Sie die Menütaste, um auf verschiedene Einstellungen zuzugreifen, von der Kanalprogrammierung bis zur Anpassung der Displayhelligkeit. Wenn Sie sich mit diesen Menüs vertraut machen, können Sie das volle Potenzial Ihres Radios ausschöpfen.

Nachdem Sie Ihr Baoteng-Radio eingerichtet haben, können Sie nun seine Funktionen erkunden. Egal, ob Sie lokale Frequenzen empfangen oder sich auf Notfälle vorbereiten, die Reise hat gerade erst begonnen.

Teil 2: Programmierung und Betriebsmodi beherrschen

Kapitel 3: Anpassen Ihres Radios – Grundlagen der Programmierung

Die Programmierung Ihres Baoteng-Radios ist entscheidend, um sein volles Potenzial auszuschöpfen. Egal, ob Sie sich auf Abenteuer im Freien, Notfallszenarien oder professionelle Kommunikation vorbereiten, die Anpassung stellt sicher, dass Sie das Beste aus Ihrem Gerät herausholen. Dieses Kapitel führt Sie durch die Grundlagen der Programmierung, sowohl manuell als auch mithilfe von Software.

Manuelle Programmierung: Schritt-für-Schritt-Anleitung

Manuelles Programmieren ist eine wertvolle Fähigkeit für schnelle Anpassungen vor Ort. Lassen Sie uns den Prozess aufschlüsseln:

1. **Umschalten in den Frequenzmodus**
   - Schalten Sie Ihr Baoteng-Radio ein und stellen Sie sicher, dass es auf

Frequenzmodus eingestellt ist. Wenn auf dem Bildschirm Kanalnummern statt Frequenzen angezeigt werden, drücken Sie zum Umschalten die VFO/MR - Taste.

2. **Frequenzen eingeben**

   o Geben Sie die gewünschte Frequenz direkt über die Tastatur ein. Dies kann eine lokale Repeater-Frequenz, ein öffentlicher Sicherheitskanal oder eine vorher festgelegte Teamkommunikationsleitung sein.

3. **Einstellen der Sende- und Empfangsfrequenzen**

   o Bei Repeatern müssen Sie sowohl die Empfangsfrequenz (RX) als auch die Sendefrequenz (TX) einstellen. Außerdem müssen Sie bei Bedarf den Offset anpassen.

o Navigieren Sie durch die Menüoptionen, um die Einstellung „OFFSET" zu finden und wenden Sie den richtigen Wert an.

4. **Speichern von Frequenzen im Speicher**

o Nachdem Sie die Frequenz konfiguriert haben, drücken Sie MENU , blättern Sie zu „MEM-CH" (Speicherkanal) und speichern Sie die Einstellungen auf einem verfügbaren Kanalplatz.

Die manuelle Programmierung kann zwar zeitaufwändig sein, ist aber eine zuverlässige Methode, wenn keine Softwaretools verfügbar sind.

Vereinfachung des Prozesses mit der CHIRP-Software

CHIRP ist ein Lebensretter für alle, die mehrere Funkgeräte verwalten oder eine große Anzahl von Frequenzen programmieren. So optimieren Sie Ihr Erlebnis:

1. **Installieren und Starten von CHIRP**

- Besuchen Sie die offizielle CHIRP-Website und laden Sie die Software für Ihr Betriebssystem herunter. Schließen Sie Ihr Baoteng-Radio nach der Installation mit einem USB-Programmierkabel an.

2. **Aktuelle Einstellungen herunterladen**
   - Öffnen Sie CHIRP, wählen Sie Ihr Funkgerätmodell aus und laden Sie die aktuelle Konfiguration herunter. So stellen Sie sicher, dass Ihre bestehenden Einstellungen gesichert sind.

3. **Frequenz- und Kanaldaten bearbeiten**
   - CHIRP bietet eine tabellenähnliche Oberfläche, auf der Sie Frequenzeinträge schnell hinzufügen, löschen oder ändern können. Sie können für jeden Kanal auch benutzerdefinierte Beschriftungen festlegen.

4. **Änderungen am Radio hochladen**
   - Sobald Ihre Änderungen abgeschlossen sind, laden Sie die neue Konfiguration auf

Ihr Radio hoch. Dieser Vorgang ist schneller und genauer als die manuelle Eingabe.

Vorteile von CHIRP :

- Massenprogrammierung in Minuten.
- Einfaches Sichern und Wiederherstellen der Radioeinstellungen.
- Verbesserte Flexibilität mit erweiterten Funktionen wie Tonrauschunterdrückung und Leistungsanpassungen.

Kapitel 4: Wichtige Betriebsmodi erkunden

Betriebsmodi sind die Kernfunktionen Ihres Baoteng-Radios. Vom Scannen von Frequenzen bis zur Überwachung von Dualkanälen – das Verständnis dieser Modi verbessert Ihre Kommunikationseffizienz.

Frequenzen scannen und speichern

Die Scan-Funktion ist so konzipiert, dass sie automatisch nach aktiven Übertragungen innerhalb eines bestimmten Bereichs sucht. So nutzen Sie sie effektiv:

1. **Aktivieren des Scan-Modus**
   - Drücken Sie die SCAN -Taste oder navigieren Sie im Menü zur Scan-Option. Das Radio beginnt, durch die Frequenzen oder Kanäle zu blättern.
2. **Pausieren auf aktiven Kanälen**
   - Wenn das Radio eine aktive Übertragung erkennt, wird es angehalten, damit Sie

zuhören können. Wenn keine weitere Aktivität erkannt wird, wird der Suchlauf automatisch fortgesetzt.

3. **Aktive Frequenzen speichern**

   o Wenn sich eine Frequenz als nützlich erweist, können Sie sie direkt aus dem Scan-Modus in einem Speicherkanal speichern, indem Sie den Anweisungen auf dem Bildschirm folgen.

Praktische Anwendungen des Scannens :

- Ortung von Notrufsendungen in Katastrophengebieten.
- Überwachung der Frequenzen der öffentlichen Sicherheit.
- Identifizieren aktiver Kommunikationskanäle in überfüllten Umgebungen.

Erläuterung der Dual-Watch- und Dual-PTT-Funktionen

Baoteng-Funkgeräte unterstützen Dualbandbetrieb, sodass Sie zwei Frequenzen gleichzeitig bedienen können. Dies ist besonders in Szenarien nützlich, in denen eine ständige Überwachung von zwei Kanälen erforderlich ist.

1. **Dual-Watch-Modus**
   - In diesem Modus kann das Funkgerät zwischen zwei Frequenzen umschalten und dabei jedem aktiven Kanal Priorität einräumen. So können Sie beispielsweise neben einem Wetterwarnkanal auch eine Teamkommunikationsfrequenz überwachen.
2. **Dual-PTT-Funktion**
   - Das Funkgerät ist mit zwei PTT-Tasten ausgestattet, die jeweils einer der aktiven Frequenzen entsprechen. So können Sie

auf beiden Kanälen senden, ohne manuell umschalten zu müssen.

Vorteile der Doppelfunktion :

- Nahtlose Kommunikation über mehrere Gruppen hinweg.
- Verbessertes Situationsbewusstsein in dynamischen Umgebungen.
- Größere Flexibilität bei taktischen Operationen.

Kapitel 5: Datenschutzfunktionen mit CTCSS/DCS-Tönen freischalten

Datenschutzfunktionen wie CTCSS (Continuous Tone-Coded Squelch System) und DCS (Digital Coded Squelch) ermöglichen es Benutzern, Störungen zu minimieren und halbprivate Kommunikation innerhalb gemeinsam genutzter Frequenzen aufrechtzuerhalten.

Einführung in Tonsysteme

Sowohl CTCSS als auch DCS verwenden nicht hörbare Töne, um zwischen Übertragungen auf derselben Frequenz zu unterscheiden. Dadurch wird sichergestellt, dass nur Übertragungen mit dem richtigen Ton oder Code die Rauschsperre Ihres Funkgeräts aktivieren.

- **CTCSS** : Verwendet analoge Töne in einem Frequenzbereich von 67,0 Hz bis 254,1 Hz.
- **DCS** : Verwendet digitale Codes und bietet eine größere Auswahl an Kombinationen.

So legen Sie Datenschutzcodes effektiv fest und verwenden sie

1. **Auf die Toneinstellungen zugreifen**
   - Drücken Sie die MENU -Taste und navigieren Sie zu den Toneinstellungen (R-CTCSS für Empfangston und T-CTCSS für Sendeton).

2. **Auswählen eines Tons oder Codes**
   - Verwenden Sie die Tastatur oder scrollen Sie durch die Optionen, um einen geeigneten Ton oder Code auszuwählen. Stellen Sie sicher, dass alle Funkgeräte in Ihrer Gruppe für eine reibungslose Kommunikation auf denselben Ton eingestellt sind.

3. **Testen des Setups**
   - Sobald die Konfiguration eingestellt ist, testen Sie sie, indem Sie von einem Funkgerät senden und von einem anderen

empfangen. Die Rauschsperre sollte sich nur öffnen, wenn der Ton übereinstimmt.

Anwendungen in der Praxis

- **Gruppenkommunikation** : Verhindert Störungen durch andere Benutzer auf derselben Frequenz.
- **Verbesserter Datenschutz** : Zwar ist es nicht sicher im Sinne der Verschlüsselung, aber es minimiert unerwünschtes Abhören.
- **Rauschunterdrückung** : Filtert irrelevante Übertragungen heraus und sorgt für einen klareren Ton.

Teil 3: Erweiterte Funktionen und Personalisierung

Kapitel 6: Erweiterte Funktionen nutzen

Baoteng-Funkgeräte sind mit fortschrittlichen Funktionen ausgestattet, die Ihr Kommunikationserlebnis erheblich verbessern können. Diese Funktionen machen das Gerät bei richtiger Nutzung zu mehr als nur einem herkömmlichen Funkgerät und verbessern seine Funktionalität für verschiedene Szenarien.

Einrichtung und Vorteile der Sprachaktivierung (VOX)

Die Sprachaktivierungsfunktion (VOX) ermöglicht freihändigen Betrieb durch automatische Übertragung, wenn das Gerät Ihre Stimme erkennt. Dies ist besonders in Situationen nützlich, in denen die Verwendung der Push-to-Talk-Taste (PTT) unpraktisch oder unmöglich ist.

So aktivieren Sie VOX: Schritt für Schritt

1. **Zugriff auf die VOX-Einstellungen**
   - Drücken Sie die MENU -Taste und navigieren Sie zur Option VOX. Je nach Modell ist diese normalerweise als „VOX" oder „VOX LEVEL" gekennzeichnet.

2. **Auswählen der VOX-Empfindlichkeitsstufen**
   - Wählen Sie eine Empfindlichkeitsstufe. Je niedriger die Stufe, desto lauter muss die Stimme sein, um die Übertragung zu aktivieren. Eine höhere Empfindlichkeit nimmt leisere Stimmen auf, kann aber auch durch Hintergrundgeräusche ausgelöst werden.

3. **Testen und Anpassen**
   - Sobald VOX aktiviert ist, testen Sie es in einer kontrollierten Umgebung. Passen Sie die Empfindlichkeit nach Bedarf an, um Reaktionsfähigkeit und

Unterdrückung von Hintergrundgeräuschen auszugleichen.

Vorteile von VOX

- **Freihändiger Betrieb** : Ideal für Multitasking im Freien, in taktischen oder Arbeitsumgebungen.
- **Verbesserte Sicherheit** : Ermöglicht dem Benutzer, die Hände für andere wichtige Aufgaben wie Fahren oder Klettern frei zu halten.
- **Verbesserte Teamkommunikation** : Sorgt für eine reibungslosere Koordination bei hektischen oder stressigen Aktivitäten.

Anpassen der Anzeige- und Toneinstellungen für eine optimale Nutzung

Durch Anpassen der Anzeige- und Toneinstellungen Ihres Radios können Sie das Benutzererlebnis erheblich verbessern, insbesondere bei längerem Gebrauch oder in lauten Umgebungen.

Anzeigeeinstellungen

1. **Anpassung der Hintergrundbeleuchtung**
   - Greifen Sie über das Menü auf die Einstellungen für die Hintergrundbeleuchtung zu. Passen Sie Helligkeit und Dauer Ihren Bedürfnissen an. Eine hellere Hintergrundbeleuchtung hilft bei schlechten Lichtverhältnissen, entlädt den Akku jedoch schneller.

2. **Kontrasteinstellung**
   - Bei einigen Modellen ist eine Kontrastanpassung möglich. Durch optimalen Kontrast wird die Lesbarkeit des Bildschirms in hellen Umgebungen verbessert.

3. **Anzeige des Kanalnamens**
   - Anstatt Frequenznummern anzuzeigen, können Sie Kanäle mit benutzerdefinierten Namen versehen. Dies ist besonders hilfreich, wenn Sie mehrere Gruppen oder Zwecke verwalten.

Toneinstellungen

1. **Tastenton**
   - o Sie können den Tastenton nach Belieben aktivieren oder deaktivieren. Die Deaktivierung ist für Stealth-Operationen nützlich, während die Aktivierung eine akustische Rückmeldung während der Navigation bietet.

2. **Lautstärkevoreinstellungen**
   - o Legen Sie Standardlautstärkepegel fest, um Klarheit ohne häufige Anpassungen zu gewährleisten. Dies ist in lauten Umgebungen oder wenn schnelle Reaktionen erforderlich sind, von entscheidender Bedeutung.

3. **Warntöne**
   - o Passen Sie Warntöne für verschiedene Benachrichtigungen an, beispielsweise Warnungen bei niedrigem Batteriestand oder eingehende Übertragungen.

Kapitel 7: Vorbereitung auf Notfälle

Effektive Kommunikation ist in Notfällen von entscheidender Bedeutung, und Ihr Baoteng-Funkgerät kann Ihnen als Rettungsanker dienen, wenn andere Kommunikationsformen versagen. In diesem Kapitel geht es darum, Ihr Funkgerät auf Krisenszenarien vorzubereiten.

Vorladen kritischer Notfallfrequenzen

Damit Sie immer vorbereitet sind, laden Sie die wichtigsten Notruffrequenzen in Ihr Funkgerät. Dazu können gehören:

1. **Lokale Notdienste** : Frequenzen von Feuerwehr, Polizei und Krankenwagen.

2. **Nationale Notruffrequenzen** : Universelle Frequenzen wie 121,5 MHz für Notfälle in der Luftfahrt.

3. **Community-Warnungen** : Frequenzen für lokale Community-Reaktionsteams oder Nachbarschaftswachen.

So laden Sie Frequenzen vor

1. **Kritische Frequenzen erforschen**
   - ○ Konsultieren Sie die lokalen Ressourcen des Katastrophenschutzes oder Online-Datenbanken, um die relevanten Frequenzen zu ermitteln.

2. **Manuelles Programmieren oder Verwenden von CHIRP**
   - ○ Geben Sie diese Frequenzen manuell ein oder verwenden Sie CHIRP für eine schnellere Massenprogrammierung.

3. **Testen und Überprüfen**
   - ○ Testen Sie diese Frequenzen regelmäßig, um sicherzustellen, dass sie aktiv und funktionsfähig sind.

Erstellen eines effektiven Kommunikationsplans für Krisensituationen

Ein effektiver Kommunikationsplan beschreibt, wie Sie Ihr Funkgerät in Notfällen nutzen, um verbunden und sicher zu bleiben.

Schlüsselelemente eines Kommunikationsplans

1. **Vordefinierte Kanäle für Familien- oder Teammitglieder**
   - Weisen Sie der Kommunikation innerhalb Ihres Haushalts oder Teams bestimmte Kanäle zu.

2. **Kommunikationsprotokolle einrichten**
   - Legen Sie Richtlinien fest, wann und wie kommuniziert werden soll. Vereinbaren Sie beispielsweise Check-in-Intervalle und Notfallcodes.

3. **Backup-Kanäle**
   - Legen Sie Sekundärfrequenzen für den Fall fest, dass die Primärkanäle beeinträchtigt oder überlastet sind.

Kapitel 8: Wetterwarnungen und Echtzeitüberwachung

Wetteränderungen können Outdoor-Aktivitäten und Notfallsituationen stark beeinflussen. Baoteng-Radios, die mit NOAA-Kanälen (National Oceanic and Atmospheric Administration) ausgestattet sind, bieten Wetter-Updates in Echtzeit, damit Sie immer auf dem Laufenden sind.

Bleiben Sie über die Wetterkanäle der NOAA auf dem Laufenden

Die Wetterkanäle der NOAA bieten rund um die Uhr aktuelle Wetterinformationen, einschließlich Unwetterwarnungen.

So greifen Sie auf NOAA-Kanäle zu

1. **Wetterkanalmodus aktivieren**
   - Drücken Sie die MENU -Taste und navigieren Sie zu den Wetterkanaleinstellungen. Wählen Sie die

entsprechende Option, um NOAA-Kanäle zu aktivieren.

2. **Nach lokalen Wetterberichten suchen**

   o Verwenden Sie die Scanfunktion, um die nächstgelegene NOAA-Station zu finden, die Wetteraktualisierungen überträgt.

3. **Überwachungswarnungen**

   o Lassen Sie das Radio im Standby-Modus, um bei Unwettern automatische Warnungen zu erhalten.

Integration von Wetter-Updates in die Notfallplanung

Wetterberichte können in Notfällen wichtige Entscheidungen beeinflussen. So können Sie sie integrieren:

1. **Präventive Maßnahmen auf Basis von Wetterwarnungen**

   o Nutzen Sie Echtzeitdaten, um über Evakuierungsrouten, Schutzpläne oder die

Bevorratung von Vorräten zu
entscheiden.

2. **Anpassungen des Kommunikationsprotokolls**

   o Aktualisieren Sie den
     Kommunikationsplan Ihres Teams
     basierend auf den Wetterbedingungen,
     um einen sicheren und effizienten Betrieb
     zu gewährleisten.

Kapitel 9: Verwenden von Baoteng-Funkgeräten für die Satellitenkommunikation

An abgelegenen Orten, an denen herkömmliche Kommunikationsmethoden versagen, kann Satellitenkommunikation eine bahnbrechende Neuerung sein. Baoteng-Funkgeräte können Satellitenkommunikationssysteme stören und so Reichweite und Zuverlässigkeit erhöhen.

Grundlagen der Satellitenkommunikation für größere Reichweite

Bei der Satellitenkommunikation werden Signale über umlaufende Satelliten weitergeleitet, um Benutzer über große Entfernungen hinweg zu verbinden.

So integrieren sich Baoteng-Radios in Satellitensysteme

1. **Mit einem Satelliten-Gateway-Gerät verbinden**
   - Verwenden Sie ein externes Gerät, das Ihr Baoteng-Radio mit einem Satellitennetzwerk verbindet.
2. **Satellitenfrequenzen programmieren**
   - Geben Sie die entsprechenden Uplink- und Downlink-Frequenzen ein, die vom Satellitendienst bereitgestellt werden.
3. **Senden und Empfangen von Nachrichten**
   - Sorgen Sie für eine optimale Leistung für eine freie Sicht zum Satelliten.

Häufige Herausforderungen im Remote-Betrieb bewältigen

1. **Signalstörungen**
   - Natürliche Hindernisse wie Berge oder dichter Bewuchs können Satellitensignale stören. Positionieren Sie sich für eine bessere Verbindung in offenen Räumen.
2. **Akkulaufzeit**

- Die Satellitenkommunikation verbraucht mehr Strom. Nehmen Sie Ersatzbatterien oder ein tragbares Ladegerät mit.

3. **Latenzprobleme**

- Rechnen Sie mit leichten Verzögerungen bei der Kommunikation aufgrund der Entfernung, die Signale zurücklegen müssen. Verwenden Sie klare und präzise Nachrichten, um Missverständnisse zu vermeiden.

Teil 4: Praktische Anwendungen und Einsatz vor Ort

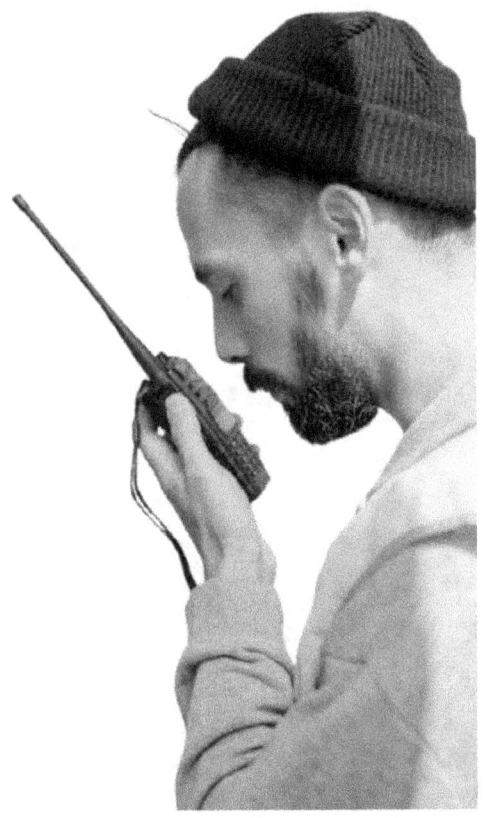

Kostenlose Bildquelle: Pexels.com

Kapitel 10: Baoteng im Amateurfunkbetrieb

Baoteng-Funkgeräte haben in der Welt des Amateurfunks einen wichtigen Platz eingenommen. Egal, ob Sie als Hobbyfunker die globale Kommunikation erkunden möchten oder sich auf Notfälle vorbereiten, der Amateurfunk bietet eine vielseitige und lohnende Erfahrung. In diesem Kapitel werden wir uns mit den wesentlichen Aspekten der Verwendung von Baoteng-Funkgeräten im Amateurfunk befassen, vom Erwerb einer Lizenz bis hin zur aktiven Teilnahme an lokalen und globalen Netzwerken.

Eine Amateurfunklizenz erwerben

Bevor Sie sich in den Amateurfunkbetrieb stürzen, müssen Sie wissen, dass in den meisten Ländern für den Betrieb auf Amateurfunkfrequenzen eine Lizenz erforderlich ist. Durch die Lizenzierung wird sichergestellt, dass die Betreiber die technischen und rechtlichen Aspekte der Funkkommunikation verstehen, und sie trägt dazu bei, eine strukturierte und störungsfreie Kommunikationsumgebung aufrechtzuerhalten.

Warum Lizenzierung wichtig ist

1. **Rechtliche Konformität**

   Der Betrieb ohne Lizenz auf Amateurfrequenzen kann zu hohen Geldstrafen oder zur Beschlagnahmung der Ausrüstung führen. Eine Lizenz stellt sicher, dass Sie legal senden und kommunizieren dürfen.

2. **technischen Proficiency**

   -Lizenz wird Ihr Verständnis der Funktheorie, der Kommunikationsprotokolle und der bewährten Vorgehensweisen im Betrieb geprüft. So wird sichergestellt, dass Sie Ihre Ausrüstung effektiv nutzen und Probleme beheben können.

3. **Zugriff auf privilegierte Frequenzen:**

   Lizenzierte Betreiber erhalten Zugriff auf einen größeren Frequenzbereich, von denen einige für erweiterte oder Notfallkommunikation reserviert sind.

Schritte zur Lizenzierung

1. **Lizenzierungsstufen verstehen**

   Lizenzierungssysteme haben normalerweise mehrere Stufen oder Ebenen, die jeweils unterschiedliche Berechtigungen bieten. In den USA bietet die Federal Communications Commission (FCC) beispielsweise drei Stufen an:

   o **Techniker** : Einstiegsniveau, deckt lokale und teilweise internationale Kommunikation ab.

   o **Allgemein** : Ermöglicht einen breiteren Frequenzzugriff, einschließlich HF-Bänder für die globale Kommunikation.

   o **Amateur Extra** : Bietet Zugriff auf alle Amateurfrequenzen und erweiterte Betriebsberechtigungen.

2. **Lernen Sie für die Prüfung. Bei den** Lizenzprüfungen stehen Funktheorie, Betriebsverfahren und Vorschriften im

Mittelpunkt. Zu den Ressourcen zur Vorbereitung gehören:

- o **Offizielle Studienführer** : Zur Verfügung gestellt von nationalen Regulierungsbehörden oder Amateurfunkverbänden.
- o **Online-Übungstests** : Websites und Apps bieten kostenlose Übungsprüfungen an, um Sie mit dem Format vertraut zu machen.
- o **Lokale Schinkenclubs** : Viele Clubs bieten Kurse und Lerngruppen an.

3. **Machen Sie die Prüfung.**

Prüfungen werden normalerweise von freiwilligen Prüfern abgenommen, die Amateurfunkorganisationen angehören. Wenn Sie die Prüfung bestehen, erhalten Sie ein Rufzeichen und sind berechtigt, auf Amateurfrequenzen zu arbeiten.

Beitritt zu und Teilnahme an lokalen und globalen Netzwerken

Einer der aufregendsten Aspekte des Amateurfunks ist die Möglichkeit, sich mit einer vielfältigen Community von Betreibern weltweit zu verbinden. Sobald Sie eine Lizenz haben, können Sie auf ein umfangreiches Netzwerk von Enthusiasten, Experten und Rettungskräften zugreifen.

Lokale Netzwerke

Lokale Amateurfunknetze, oft „Netze" genannt, bieten den Betreibern eine hervorragende Möglichkeit, in Verbindung zu bleiben und Informationen auszutauschen. Diese Netze arbeiten normalerweise auf bestimmten Frequenzen und treffen sich regelmäßig.

1. **Lokale Netze finden**
   o Suchen Sie in Online-Verzeichnissen oder Foren nach Netzplänen in Ihrer Nähe.
   o Lokale Schinkenclubs organisieren oft wöchentliche oder monatliche Netze.

2. **Teilnahme an Netzen**

   o Beginnen Sie mit dem Zuhören, um den Ablauf und die Etikette zu verstehen.

   o Wenn Sie bereit sind, melden Sie sich an, indem Sie Ihr Rufzeichen nennen, wenn Sie vom Netzcontroller dazu aufgefordert werden.

3. **Vorteile lokaler Netze**

   o **Community-Aufbau** : Knüpfen Sie Kontakte zu lokalen Betreibern zum Wissensaustausch und für Unterstützung.

   o **Kompetenzentwicklung** : Üben Sie Kommunikationsprotokolle und lernen Sie von erfahreneren Betreibern.

   o **Notfallvorsorge** : Lokale Netze dienen in Notfällen oft als Kommunikations-Rückgrat.

Globale Netzwerke

Mit Zugriff auf HF-Bänder (über General- oder Amateur Extra-Lizenzen) können Betreiber Verbindungen zu Personen auf allen Kontinenten herstellen. Globale Netzwerke bieten eine einzigartige Möglichkeit, an weltweiten Gesprächen und Veranstaltungen teilzunehmen.

1. **DXen und Contesten**
   o **DXing** : Bezieht sich auf die Kontaktaufnahme mit entfernten Stationen, oft in verschiedenen Ländern oder Kontinenten.
   o **Wettbewerbe** : Dabei handelt es sich um die Teilnahme an organisierten Veranstaltungen, bei denen die Betreiber darum wetteifern, innerhalb eines festgelegten Zeitrahmens so viele Kontakte wie möglich herzustellen.
2. **Interessensgruppen**
   o Treten Sie Gruppen bei, die sich auf bestimmte Aspekte des Amateurfunks

konzentrieren, wie etwa digitale Modi,
Satellitenkommunikation oder QRP-
Betrieb (Low-Power).

3. **Digitale Netzwerke**
   - Digitale Modi wie FT8 oder PSK31
     ermöglichen eine effiziente
     Kommunikation durch computergestützte
     Übertragung und erleichtern so die
     Herstellung globaler Kontakte unter
     Niedrigleistungsbedingungen.

Vorteile der Amateurfunk-Teilnahme

Die Teilnahme am Amateurfunkbetrieb bietet eine Reihe
von Vorteilen, die über den Nervenkitzel der
Kommunikation hinausgehen:

1. **Kompetenzentwicklung**
   - Sammeln Sie praktische Erfahrungen in
     Funktechnologie, Fehlerbehebung und
     fortgeschrittenen
     Kommunikationstechniken.

2. **Zivildienst**

   o Funkamateure helfen häufig in Notfällen
   und stellen wichtige
   Kommunikationsmittel bereit, wenn
   herkömmliche Systeme ausfallen.

3. **Globale Verbindungen**

   o Erweitern Sie Ihr Netzwerk, indem Sie
   sich mit Gleichgesinnten auf der ganzen
   Welt vernetzen und Wissen und Kultur
   austauschen.

4. **Kontinuierliches Lernen**

   o Die Amateurfunk-Community lebt von
   Innovation und Experimentierfreude und
   bietet endlose Lernmöglichkeiten.

Baoteng-Radios: Eine bevorzugte Wahl für Funkamateure

Baoteng-Funkgeräte erfreuen sich bei Funkamateuren großer Beliebtheit, insbesondere bei Einsteigern. Hier ist der Grund:

1. **Erschwinglichkeit**
   - Baoteng-Funkgeräte bieten hervorragende Funktionalität zu einem Bruchteil der Kosten von höherwertigen Modellen und sind daher ideal für Anfänger.

2. **Vielseitigkeit**
   - Diese Funkgeräte decken einen breiten Frequenzbereich ab und unterstützen mehrere Betriebsarten, darunter analog und digital.

3. **Einfache Programmierung**
   - Mit Tools wie der CHIRP-Software können Baoteng-Radios einfach für den Zugriff auf verschiedene

Amateurfunkbänder und -frequenzen
programmiert werden.

4. **Haltbarkeit und Tragbarkeit**

   o Die leichten und robusten Funkgeräte von
   Baoteng eignen sich perfekt sowohl für
   den Einsatz im Innenbereich als auch für
   den Außeneinsatz.

Aufbau Ihres Amateurfunk-Setups mit Baoteng

Für diejenigen, die Baoteng-Radios als ihr primäres
Schinkengerät verwenden, hier einige Tipps zur
Optimierung Ihres Setups:

1. **Rüsten Sie Ihre Antenne auf**

   o Zur Verbesserung der Reichweite und
   Signalklarheit kann die Standardantenne
   durch ein Modell mit höherer
   Verstärkung ersetzt werden.

2. **Verwenden Sie ein Programmierkabel**

   o Ein USB-Programmierkabel vereinfacht
   das Hinzufügen oder Ändern von
   Frequenzeinstellungen.

3. **Investieren Sie in Zubehör**

- ○ Zubehör wie externe Mikrofone, Akkupacks und Autoladegeräte verbessern Funktionalität und Komfort.

4. **Bleiben Sie auf dem Laufenden**

- ○ Firmware-Updates von Baoteng können die Leistung verbessern und Fehler beheben, sodass Ihr Radio immer auf dem neuesten Stand ist.

Die Verwendung von Baoteng-Funkgeräten im Amateurfunk öffnet die Tür zu einer dynamischen Welt der Kommunikation. Vom Erwerb Ihrer Lizenz bis zur Teilnahme an globalen Netzwerken ist die Reise sowohl lohnend als auch bestärkend. Mit den richtigen Werkzeugen, Fähigkeiten und der Unterstützung der Community sind Sie auf dem besten Weg, die Kunst des Amateurfunks zu meistern.

Kapitel 11: Leistungssteigerung mit benutzerdefinierten Antennen

Baoteng-Funkgeräte werden allgemein für ihre Flexibilität, Erschwinglichkeit und Benutzerfreundlichkeit geschätzt. Um ihr volles Potenzial auszuschöpfen, ist jedoch ein Upgrade oder eine Anpassung der Antennen ein entscheidender Schritt. Die Werksantenne, die bei den meisten Baoteng-Modellen mitgeliefert wird, bietet grundlegende Funktionen, aber Benutzer erzielen oft erhebliche Leistungsverbesserungen, wenn sie sich für eine bessere Antenne entscheiden. In diesem Kapitel erfahren Sie, wie Sie Ihre eigenen Antennen bauen und installieren, und es werden verschiedene einsatzbereite Lösungen zur Verbesserung der Kommunikationsreichweite und -zuverlässigkeit erörtert.

So bauen und installieren Sie Ihre eigene Antenne

Der Bau einer benutzerdefinierten Antenne mag eine einschüchternde Aufgabe sein, ist aber ein lohnendes und lehrreiches Unterfangen. Eine gut konstruierte Antenne verbessert die Signalstärke, erhöht die Reichweite und sorgt für eine zuverlässigere Kommunikation.

Vorteile des Baus einer benutzerdefinierten Antenne

1. **Größere Reichweite und Klarheit**
   : Auf bestimmte Frequenzbänder zugeschnittene Spezialantennen optimieren die Sende- und Empfangsreichweite und reduzieren Rauschen und Störungen erheblich.
2. **Kosteneffizienz:**
   Obwohl auf dem Markt nur Premium-Antennen erhältlich sind, stellt der Bau einer eigenen

Antenne eine kostengünstige Alternative ohne Leistungseinbußen dar.

3. **Anpassungsfähigkeit an unterschiedliche Umgebungen:**

Kundenspezifische Antennen können für verschiedene Feldbedingungen entwickelt werden, von städtischen Landschaften bis hin zu abgelegenem Berggelände.

Schritt-für-Schritt-Anleitung zum Bau einer einfachen VHF/UHF-Antenne

1. **Besorgen Sie die notwendigen Materialien**
   - Koaxialkabel (z. B. RG-58 oder RG-8)
   - Kupfer- oder Aluminiumdraht (für Elemente)
   - Anschlüsse (SMA oder BNC, je nach Baoteng-Modell)
   - Isolierband, PVC-Rohre oder andere Trägermaterialien
2. **Design und Maße**

Determine the desired frequency range. Use the

formula Length of Element=300Frequency(MHz)\text{Length of Element} = \frac{300}{Frequency (MHz)}Length of Element=Frequency(MHz)300 to calculate the length of each element. For example, for a 146 MHz signal: Length=300146≈2.05 meters\text{Length} = \frac{300}{146} \approx 2.05 \, \text{meters}Length=146300≈2.05meters

3. **Bauen Sie die Antenne**

   ○ **Schneiden Sie die Elemente** : Sorgen Sie für präzise Messungen für optimale Leistung.

   ○ **Bauen Sie die Struktur zusammen** : Verwenden Sie PVC-Rohre, um die Elemente zu befestigen.

   ○ **Anschließen des Koaxialkabels** : Löten Sie das Kabel an die entsprechenden Anschlüsse, um eine feste Verbindung mit Ihrem Radio sicherzustellen.

4. **Testen und Anpassen**

   Schließen Sie nach dem Zusammenbau die

Antenne an Ihr Baoteng-Radio an und testen Sie sie an verschiedenen Stellen. Passen Sie die Elementlängen bei Bedarf an, um die Leistung zu optimieren.

Feldtaugliche Antennenlösungen für bessere Reichweite

Wenn der Bau einer eigenen Antenne nicht möglich ist, stehen vorgefertigte, feldbereite Optionen zur Verfügung, die für maximale Leistung unter anspruchsvollen Bedingungen ausgelegt sind.

Beliebte feldtaugliche Antennen

1. **Peitschenantennen mit hoher Verstärkung**
   Diese flexiblen und langlebigen Antennen eignen sich hervorragend zur Reichweitenerhöhung sowohl im städtischen als auch im ländlichen Bereich.

2. **Yagi-Antennen**
   sind ideal für die gerichtete Kommunikation und

bieten überlegene Verstärkung und Fokussierung, was besonders nützlich für die Fern- oder Punkt-zu-Punkt-Kommunikation ist.

3. **Tragbare Roll-Up-Antennen**

Roll-Up-Antennen sind leicht und einfach zu installieren und eignen sich perfekt für Einsätze im Gelände und Notfälle.

Installationstipps für den Einsatz vor Ort

1. **Suchen Sie nach erhöhten Standorten.**

Platzieren Sie Ihre Antenne auf Dächern, Hügeln oder anderen erhöhten Stellen, um die Sichtverbindung zu optimieren.

2. **Verwenden Sie geeignete Halterungen und Stützen.**

Befestigen Sie Ihre Antenne sicher mit Stativen oder Halterungen, um Stabilität während des Betriebs zu gewährleisten.

3. **Regelmäßige Wartung und Inspektion**

Überprüfen Sie Ihre Antennenanlage regelmäßig

auf Schäden oder Verschleiß, insbesondere bei rauen Wetterbedingungen.

Durch die Aufrüstung Ihres Baoteng-Radios mit einer benutzerdefinierten oder verbesserten Antenne können Sie Ihre Kommunikationsfähigkeiten erheblich verbessern. Egal, ob Sie sich für den Bau einer eigenen Antenne entscheiden oder in eine hochwertige, einsatzbereite Lösung investieren, das Verständnis der Prinzipien hinter der Antennenleistung stellt sicher, dass Sie das Beste aus Ihrem Radio herausholen.

Kapitel 12: Konnektivität mit externen Geräten verbessern

Moderne Kommunikation beruht stark auf Integration und Baoteng-Radios bilden hier keine Ausnahme. Durch den Anschluss dieser Radios an externe Geräte wie GPS-Systeme, Tablets und externe Lautsprecher können Benutzer die Funktionalität und Betriebseffizienz verbessern. In diesem Kapitel erfahren Sie, wie Sie die Konnektivität durch den Einsatz von Peripheriegeräten und Zubehör verbessern können, um Ihr Baoteng-Radio in einen vielseitigen Kommunikationsknotenpunkt zu verwandeln.

Verbinden von Baoteng-Radios mit GPS, Tablets und anderen Peripheriegeräten

Baoteng-Funkgeräte, insbesondere Modelle wie das UV-5R und das BF-F8HP, können in verschiedene externe Geräte integriert werden, wodurch ihre

Anwendungsbereiche über die grundlegende
Kommunikation hinaus erweitert werden.

Warum externe Geräte anschließen?

1. **Verbesserte Betriebseffizienz:**
   Durch die Verknüpfung von Funkgeräten mit
   GPS-Geräten oder Tablets sind Echtzeit-
   Tracking, nahtloser Datenaustausch und
   optimierte Kommunikation möglich.

2. **Verbesserte Situationswahrnehmung:**
   Die GPS-Integration liefert wichtige
   Standortdaten, die in Notfall- oder taktischen
   Szenarien von entscheidender Bedeutung sind.

3. **Datenprotokollierung und -berichterstattung:**
   Mit Tablets oder Laptops können Benutzer die
   Kommunikation protokollieren, Vorfälle
   verfolgen und detaillierte Berichte zur Analyse
   erstellen.

Einrichten der GPS-Integration

1. **Auswählen eines kompatiblen GPS-Geräts**
   Wählen Sie ein GPS-Gerät mit Datenausgabefunktion, beispielsweise Garmin-Handhelds.

2. **Anschließen des GPS an Ihr Baoteng**
   Verwenden Sie ein GPS-Adapterkabel, das mit Ihrem Funkgerätmodell kompatibel ist. Einige GPS-Geräte geben Daten über serielle Kabel aus und benötigen dafür einen speziellen Konverter.

3. **Konfigurieren des Systems**
   Sobald die Verbindung hergestellt ist, konfigurieren Sie die GPS-Einstellungen, um Standortdaten über die Frequenz des Funkgeräts zu übertragen. Diese Konfiguration ermöglicht die Echtzeit-Standortfreigabe innerhalb Ihres Kommunikationsnetzwerks.

Verwenden von Tablets und Laptops zur Kommunikation

Tablets und Laptops können in Kombination mit Baoteng-Funkgeräten leistungsstarke Tools sein. So integrieren Sie sie effektiv:

1. **Installieren Sie Kommunikationssoftwareprogramme** wie FLdigi oder APRS, die die textbasierte Kommunikation, die Signaldekodierung und die Standortfreigabe erleichtern können.

2. **Verknüpfen der Geräte**
   Verbinden Sie Ihr Radio über ein USB-Datenkabel oder ein Audio-Interface mit dem Computer oder Tablet.

3. **Betriebsvorteile:**
   Diese Konfiguration ermöglicht erweiterte Funktionen wie den Betrieb im digitalen Modus, verbesserte Nachrichtenverschlüsselung und automatisierte Berichterstattung.

Erweiterte Funktionalität durch Verwendung externer Lautsprecher und Bluetooth

Externe Audiogeräte können das Benutzererlebnis erheblich verbessern, insbesondere in lauten Umgebungen oder wenn eine freihändige Bedienung erforderlich ist.

Anschließen externer Lautsprecher

1. **Wählen Sie den richtigen Lautsprecher.**
   Wählen Sie robuste, hochwertige Lautsprecher, die mit Ihrem Radiomodell kompatibel sind.

2. **Einrichtungsprozess**
   Stecken Sie den Lautsprecher in die Audiobuchse des Radios. Bei einigen Modellen ist für optimale Passform und Funktionalität möglicherweise ein Adapter erforderlich.

3. **Vorteile:**
   Externe Lautsprecher bieten eine lautere und

klarere Tonqualität und stellen sicher, dass wichtige Nachrichten auch unter schwierigen Bedingungen gehört werden.

Bluetooth-Integration

Die Bluetooth-Technologie bietet den Komfort der drahtlosen Kommunikation, eine Funktion, die zunehmend nachgefragt wird.

1. **Bluetooth-Adapter für Baoteng-Radios.** Kaufen Sie einen Bluetooth-Adapter, der zur Schnittstelle Ihres Baoteng-Radios passt.

2. **Koppeln mit Bluetooth-Geräten:** Sobald die Verbindung hergestellt ist, koppeln Sie den Adapter mit Bluetooth-Headsets oder - Lautsprechern.

3. **Anwendungen**
   - **Freisprechkommunikation** : Ideal für Außeneinsätze, bei denen Mobilität entscheidend ist.

- ○ **Kabellose Audiowiedergabe** : Streamen Sie Nachrichten direkt an die Ohrhörer, um diskret zuzuhören.

Die Integration externer Geräte in Baoteng-Funkgeräte erweitert deren Funktionalität und macht sie zu unverzichtbaren Werkzeugen in verschiedenen Szenarien. Von GPS-Tracking bis zur Freisprechkommunikation bieten diese Ergänzungen den Benutzern die Flexibilität und Effizienz, die in modernen Betriebsabläufen erforderlich sind.

Teil 5: Taktische und Überlebenskommunikation

Kostenlose Bildquelle: Pexels.com

Kapitel 13: Strategische Kommunikation bei Guerillaoperationen

Effektive Kommunikation ist ein Eckpfeiler des Erfolgs bei Guerillaoperationen, bei denen Tarnung, Koordination und Sicherheit von größter Bedeutung sind. In diesen Umgebungen, in denen viel auf dem Spiel steht, bieten Baoteng-Funkgeräte eine zuverlässige, anpassbare und kostengünstige Lösung. Allerdings reicht es nicht aus, einfach nur ein Funkgerät zu besitzen; wenn man weiß, wie man es strategisch einsetzt, ist der operative Erfolg gewährleistet und gleichzeitig werden die Risiken minimiert.

So pflegen Sie verdeckte Kommunikationskanäle

Das Wesen von Guerillaoperationen besteht in Überraschung, Anpassungsfähigkeit und Unfassbarkeit. Um diese Ziele zu erreichen, ist die Aufrechterhaltung verdeckter Kommunikationskanäle von entscheidender Bedeutung.

1. Die richtigen Frequenzen wählen

- **Das Spektrum verstehen** : Guerillateams operieren oft in Umgebungen mit starkem Funkverkehr. Die Verwendung ungewöhnlicher Frequenzen, wie etwa an den Rändern des Funkspektrums, verringert die Gefahr eines Abfangens.

- **Frequenzsprungverfahren** : Bei dieser Methode werden während der Kommunikation häufig die Frequenzen gewechselt, um nicht erkannt zu werden. Einige Baoteng-Funkgeräte unterstützen halbmanuelles Frequenzsprungverfahren, bei dem sich die Bediener im Voraus auf eine Reihenfolge einigen.

2. Verwenden von Energiespareinstellungen

- **Minimieren der Signalerkennung** : Durch die Reduzierung der Sendeleistung wird die Reichweite verringert, für Angreifer wird es jedoch schwieriger, das Signal zu erkennen oder zu triangulieren.
- **Betriebsüberlegungen** : Verwenden Sie in dicht besiedelten Stadtgebieten oder stark überwachten Zonen niedrige Leistungseinstellungen, um keinen Verdacht zu erregen.

3. Zeitpunkt und Dauer der Übertragungen

- **Kurze Kommunikationsschübe** : Längere Übertragungen erhöhen das Risiko des Abfangens. Halten Sie die Nachrichten kurz und bündig.
- **Vorgeplante Kommunikationsfenster** : Teams können sich auf bestimmte Zeiten für die

Kommunikation einigen, um die Sendepräsenz des Radios zu begrenzen.

Taktischer Einsatz von Funkgeräten in Szenarien mit hohem Einsatz

Im Guerillakrieg sind Funkgeräte die Lebensader der Koordination. Der taktische Einsatz von Baoteng-Funkgeräten verbessert die Fähigkeit, komplexe Operationen unter schwierigen Bedingungen durchzuführen.

1. Koordinieren von Teambewegungen

- **Stille Koordination** : Verwenden Sie vorher vereinbarte Codes oder Signale, um Bewegungen zu koordinieren, ohne dass eine verbale Kommunikation erforderlich ist.
- **Echtzeit-Updates** : Funkgeräte ermöglichen schnelle Updates über die Positionen des Feindes und stellen sicher, dass sich das Team spontan anpassen kann.

2. Hinterhalte und Überfälle managen

- **Sofortige Warnungen** : Schnelle Funkwarnungen stellen sicher, dass das gesamte Team über drohende Bedrohungen oder plötzliche Planänderungen informiert ist.
- **Koordination nach einem Hinterhalt** : Funkgeräte helfen bei der Koordinierung der Umgruppierungsbemühungen und liefern sofortige Updates zu Opfern oder Ressourcenbedarf.

3. Kommunikationshierarchien etablieren

- **Delegierte Kommunikationsrollen** : Durch die Zuweisung der Kommunikation an bestimmte Teammitglieder wird Chaos während kritischer Vorgänge vermieden.
- **Backup-Kommunikationspläne** : Halten Sie immer einen sekundären oder tertiären Plan für die Kommunikation bereit, falls primäre Methoden versagen.

Beispiel aus der Praxis: Historische Guerilla-Kommunikation

Im Laufe der Geschichte haben Guerillakräfte wie der Vietcong und Widerstandsbewegungen im Zweiten Weltkrieg verdeckte Kommunikation genutzt. Während frühere Methoden auf Kuriere und verschlüsselte Nachrichten angewiesen waren, profitieren moderne Guerillakräfte von tragbaren Funkgeräten wie den Modellen von Baoteng. Diese Funkgeräte bieten bei klugem Einsatz einen erheblichen taktischen Vorteil.

Bei Guerillaoperationen, bei denen das Überleben oft von der Fähigkeit abhängt, den Feind auszumanövrieren und zu überlisten, sind Baoteng-Funkgeräte ein unschätzbares Werkzeug für sichere, effiziente und verdeckte Kommunikation. Der richtige Einsatz dieser Geräte verwandelt sie von einfachen Kommunikationsmitteln in strategische Vermögenswerte.

Kapitel 14: Sicherstellung einer sicheren Kommunikation

In taktischen Situationen und bei Überlebensproblemen ist die Sicherung der Kommunikation von entscheidender Bedeutung. Die Fähigkeit, Nachrichten zu verschlüsseln und Abhören zu verhindern, kann den Unterschied zwischen Erfolg und Misserfolg ausmachen. In diesem Kapitel werden einfache und fortgeschrittene Methoden untersucht, um sicherzustellen, dass Baoteng-Funkgeräte ein sicherer Kommunikationskanal bleiben.

Einfache und fortgeschrittene Methoden zum Verschlüsseln von Nachrichten

Durch die Verschlüsselung wird eine zusätzliche Sicherheitsebene geschaffen, die gewährleistet, dass

Übertragungen selbst dann, wenn sie abgefangen werden, für den Angreifer unverständlich bleiben.

1. Einfache Verschlüsselungsmethoden

- **Vorab festgelegte Codes** : Vor einem Einsatz können Teams ein System von Codes oder Ausdrücken festlegen, die vertrauliche Informationen ersetzen. Beispielsweise könnte sich „Paket A" auf einen Versorgungsabwurf beziehen.
- **Frequenzverschleierung** : Das Ändern von Frequenzen oder die Verwendung weniger häufig überwachter Bänder erhöht ein grundlegendes Maß an Sicherheit.

2. Erweiterte Verschlüsselungsmethoden

Baoteng-Funkgeräte selbst unterstützen keine erweiterte Verschlüsselung. Es können jedoch mehrere Techniken eingesetzt werden:

- **Verschlüsselungsgeräte von Drittanbietern** :
  Kleine, tragbare Verschlüsselungsmodule können
  an das Radio angeschlossen werden, um
  Übertragungen zu verschlüsseln.
- **Digitale Verschlüsselungssoftware** : Wenn
  Funkgeräte mit Tablets oder Laptops gekoppelt
  werden, können Softwarelösungen Daten vor der
  Übertragung verschlüsseln.

Vermeidung von Lauschangriffen in taktischen Situationen

Abgefangene Kommunikation kann eine ganze Operation gefährden. Um dieses Risiko zu minimieren, müssen bestimmte Taktiken angewendet werden:

1. Einsatz von Scrambler-Funktionen

Einige Baoteng-Modelle verfügen über eine integrierte Sprachverschlüsselungsfunktion. Obwohl dies keine echte Verschlüsselung ist, kann es ohne die richtigen

Einstellungen dazu führen, dass Sprachübertragungen schwerer zu verstehen sind.

2. Überwachung auf Störungen

Überwachen Sie die Kanäle regelmäßig auf ungewöhnliche Störungen, die auf Abhör- oder Störversuche hinweisen könnten.

3. Rotierende Frequenzen

Häufige Frequenzwechsel verringern das Risiko längerer Abhörvorgänge. Entwickeln Sie ein Muster oder eine Sequenz für den Frequenzwechsel, die nur das Team kennt.

Echte Sicherheitsverletzungen und Lehren

In der Vergangenheit haben ungesicherte Kommunikationssysteme verheerende Folgen gehabt. Im Zweiten Weltkrieg scheiterten mehrere militärische Operationen aufgrund abgefangener Kommunikation.

Moderne Guerilla- und taktische Teams lernen aus diesen Erfahrungen, indem sie strenge Kommunikationssicherheitsprotokolle anwenden.

Die Sicherung der Kommunikation gewährleistet die Integrität und den Erfolg taktischer Operationen. Durch den Einsatz sowohl einfacher als auch fortgeschrittener Methoden können Baoteng-Funkgeräte in hochsichere Werkzeuge verwandelt werden, die kritische Informationen vor Gegnern schützen.

Kapitel 15: Aufrechterhaltung der Kommunikation zwischen verschiedenen Umgebungen

Die Herausforderungen bei der Kommunikation variieren je nach Umgebung stark, ob städtisch, ländlich oder abgelegen. Das Verständnis dieser Herausforderungen und deren Überwindung ist für einen effektiven Außendiensteinsatz unerlässlich.

Strategien für den Einsatz in städtischen, ländlichen und abgelegenen Gebieten

Jede Umgebung bringt einzigartige Kommunikationshindernisse mit sich, die maßgeschneiderte Strategien erfordern.

1. Städtische Umgebungen

Charakteristisch für Stadtgebiete sind eine hohe Bevölkerungsdichte, zahlreiche Gebäude und erhebliche elektronische Störungen.

- **Herausforderungen** :
  - Signalbehinderung durch Gebäude
  - Erhöhter Funkverkehr verursacht Störungen
- **Lösungen** :
  - Verwenden Sie höhere Frequenzen, um Gebäudestörungen zu minimieren.
  - Setzen Sie Repeater strategisch ein, um die Reichweite zu erhöhen.
  - Wählen Sie in dicht besiedelten Gebieten niedrige Leistungseinstellungen, um die Erkennung zu verringern.

2. Ländliche Umgebungen

In ländlichen Gebieten gibt es weniger Hindernisse, aber aufgrund der geringen Bevölkerungsdichte und der begrenzten Infrastruktur können sie auch Herausforderungen mit sich bringen.

- **Herausforderungen** :
  - Eingeschränkter Zugriff auf Repeater
  - Größere Entfernungen zwischen den Betreibern
- **Lösungen** :
  - Verwenden Sie Hochleistungsantennen, um die Kommunikationsreichweite zu erweitern.
  - Entscheiden Sie sich für niedrigere Frequenzen, die in offenen Räumen eine größere Reichweite haben.

3. Abgelegene und bergige Regionen

In abgelegenen Gebieten, insbesondere in unwegsamem Gelände, ist die Aufrechterhaltung einer zuverlässigen Kommunikation besonders schwierig.

- **Herausforderungen** :
  - Geländesperrsignale

- Raue Wetterbedingungen beeinträchtigen die Ausrüstung

- **Lösungen** :

  - Setzen Sie Richtantennen wie Yagi für die Sichtlinienkommunikation ein.

  - Nutzen Sie Satellitenkommunikation für die unzugänglichsten Gebiete.

  - Richten Sie im Voraus geplante Relaispunkte ein, an denen Teammitglieder als Kommunikationsknotenpunkte fungieren können.

Geländebedingte Herausforderungen meistern

Es gibt zwei Hauptmethoden, um geländebedingte Herausforderungen zu überwinden:

1. Topografie zu Ihrem Vorteil nutzen

In Bergregionen kann die Höhe sowohl eine Herausforderung als auch ein Vorteil sein. Richten Sie Kommunikationsstationen an den höchsten verfügbaren Punkten ein, um die Sichtverbindung zu maximieren.

2. Mobile Relaisstationen

Setzen Sie mobile Relaisstationen mit Fahrzeugen oder Drohnen ein, um die Kommunikation zwischen Teams in unwegsamem Gelände aufrechtzuerhalten.

Baoteng-Funkgeräte sind vielseitige Werkzeuge, die sich an eine Vielzahl von Umgebungen anpassen können. Mit den richtigen Strategien und der richtigen Ausrüstung können Teams unabhängig von Gelände oder

Umweltbedingungen eine effektive Kommunikation aufrechterhalten.

Kapitel 16: Überleben in der Stadt und Katastrophenvorsorge

In einer Zeit, in der städtische Umgebungen zunehmenden Risiken durch Naturkatastrophen und Infrastrukturausfälle ausgesetzt sind, ist die Aufrechterhaltung einer zuverlässigen Kommunikation von höchster Priorität. Baoteng-Funkgeräte erweisen sich in solchen Szenarien als unverzichtbare Werkzeuge, die es Einzelpersonen und Gemeinschaften ermöglichen, in Verbindung zu bleiben, wenn herkömmliche Systeme ausfallen. In diesem Kapitel wird erläutert, wie Baoteng-Funkgeräte zum Überleben und zur Vorbereitung in städtischen Umgebungen eingesetzt werden können.

Bei Naturkatastrophen in Verbindung bleiben

Naturkatastrophen wie Erdbeben, Wirbelstürme und Überschwemmungen können Kommunikationsnetze erheblich beeinträchtigen. In solchen Situationen kann ein einsatzbereites Baoteng-Funkgerät den Unterschied zwischen Sicherheit und Gefährdung ausmachen.

1. Die Rolle von Radios in Katastrophenszenarien

Bei Katastrophen fallen herkömmliche Kommunikationssysteme – Mobilfunkmasten, Internetdienste und Festnetzanschlüsse – oft als erstes aus. Baoteng-Funkgeräte bieten eine robuste Alternative:

- **Unabhängige Funktionalität** : Anders als Mobiltelefone sind Radios nicht von der Infrastruktur abhängig und daher auch bei großflächigen Ausfällen zuverlässig.
- **Echtzeitkommunikation** : Funkgeräte ermöglichen eine sofortige Kommunikation ohne die Verzögerungen, die oft mit überlasteten Netzwerken verbunden sind.

2. Einrichten von Notfallkommunikationskanälen

In katastrophengefährdeten Gebieten ist die Einrichtung von Kommunikationskanälen von entscheidender Bedeutung:

- **Vorladen von Notruffrequenzen** : Baoteng-Funkgeräte können mit lokalen Notrufkanälen wie Feuerwehr- und Rettungsdiensten, Wetterberichten und kommunalen Notfallteams programmiert werden.
- **Nachbarschaftsnetzwerke** : Koordinieren Sie sich mit Ihren Nachbarn, um ein Community-Radionetzwerk für Echtzeit-Updates und Unterstützung einzurichten.

3. Eine Kommunikationsroutine etablieren

Regelmäßige Kommunikationsübungen können dazu beitragen, die Einsatzbereitschaft sicherzustellen:

- **Übungssitzungen** : Testen Sie Radios regelmäßig, um sich mit ihrer Funktionsweise vertraut zu machen und sicherzustellen, dass alle programmierten Kanäle funktionieren.

- **Kommunikationspläne** : Legen Sie bei längeren Katastrophen regelmäßige Check-in-Zeiten fest, um die Batterielebensdauer zu verlängern und Updates sicherzustellen.

Sicherstellung der Kommunikation bei Infrastrukturausfällen

Städtische Umgebungen sind besonders anfällig für Infrastrukturausfälle, die durch Naturkatastrophen oder vom Menschen verursachte Ereignisse wie Cyberangriffe oder Stromnetzausfälle verursacht werden können.

1. Stromausfälle und Kommunikation

Ein Stromausfall kann moderne Kommunikationssysteme lahmlegen. Baoteng-Funkgeräte bieten jedoch Widerstandsfähigkeit:

- **Batteriebetriebener Betrieb** : Stellen Sie sicher, dass Sie Ersatzbatterien oder wiederaufladbare Einheiten mit einem Solarladegerät haben.
- **Energiesparmodi** : Verlängern Sie die Batterielebensdauer durch die Nutzung von Übertragungseinstellungen mit geringem Stromverbrauch.

2. Gebäudeeinsturz oder Schuttbehinderung

In Szenarien wie Erdbeben, bei denen Gebäude einstürzen können:

- **Signaldurchdringung** : Verwenden Sie Funkgeräte mit höherer Ausgangsleistung oder längeren Antennen, um Trümmer zu durchdringen.
- **Relaispunkte** : Richten Sie temporäre Relaisstationen ein, um die Kommunikation zwischen eingeschlossenen Personen und Rettungskräften zu erleichtern.

Fallstudie: Hurrikan Katrina

Während des Hurrikans Katrina behinderten Kommunikationsausfälle die Rettungsmaßnahmen und verzögerten den Austausch wichtiger Informationen. Viele Überlebende berichteten, dass Handfunkgeräte ihre einzige Möglichkeit waren, auf dem Laufenden zu bleiben und sich mit den Rettungsteams abzustimmen. Dies unterstreicht die Bedeutung der Vorbereitung und die entscheidende Rolle, die Funkgeräte bei Katastrophen in Städten spielen.

Baoteng-Funkgeräte sind unverzichtbare Hilfsmittel für das Überleben in der Stadt und die Katastrophenvorsorge. Ihre Unabhängigkeit von traditioneller Infrastruktur, ihre Benutzerfreundlichkeit und Anpassungsfähigkeit machen sie zu unverzichtbaren Hilfsmitteln für die Gewährleistung einer kontinuierlichen Kommunikation in Notfällen. Durch frühzeitige Vorbereitung können Einzelpersonen und Gemeinschaften die mit Kommunikationsausfällen verbundenen Risiken mindern und so ihre Widerstandsfähigkeit gegenüber Katastrophen erhöhen.

Kapitel 17: Einsatz in Krisengebieten

Krisengebiete, ob aufgrund von Konflikten, Naturkatastrophen oder humanitären Notfällen, stellen einzigartige Herausforderungen dar, die effektive Kommunikationsprotokolle erfordern. Baoteng-Funkgeräte mit ihren vielseitigen Funktionen eignen sich besonders für Rettungs- und Hilfsmaßnahmen und stellen sicher, dass wichtige Informationen schnell und sicher übermittelt werden.

Kommunikationsprotokolle für Rettungs- und Hilfsmaßnahmen

In Krisengebieten ist Kommunikation von entscheidender Bedeutung für die Koordinierung von Rettungsmaßnahmen, die Verteilung von Ressourcen und die Gewährleistung der Sicherheit von Opfern und Helfern.

1. Aufbau eines Kommando- und Kontrollzentrums

Für die Bewältigung von Krisensituationen ist eine zentrale Kommunikationszentrale von entscheidender Bedeutung:

- **Dedizierte Kanäle zur Koordination** : Weisen Sie verschiedenen Teams (z. B. Suche und Rettung, Medizin, Logistik) bestimmte Frequenzen zu, um Kommunikationsüberschneidungen zu vermeiden.
- **Echtzeit-Berichte** : Stellen Sie sicher, dass die Teams der Kommandozentrale regelmäßig Updates zu Fortschritten und Herausforderungen melden.

2. Bewährte Verfahren für die Feldkommunikation

Rettungsteams im Außendienst müssen sich an strenge Kommunikationsprotokolle halten, um Ordnung und Effizienz aufrechtzuerhalten:

- **Klare und prägnante Nachrichten** : Vermeiden Sie lange, unklare Nachrichten. Verwenden Sie standardisierte Codes oder Phrasen für gängige Szenarien.
- **Check-In-Zeitpläne** : Führen Sie regelmäßige Check-Ins durch, um die Sicherheit und den Fortschritt des Teams zu bestätigen.

3. Integration mit anderen Notfalldiensten

Baoteng-Funkgeräte lassen sich nahtlos in andere Notfallkommunikationssysteme integrieren:

- **Interoperabilität mit öffentlichen Diensten** : Viele Baoteng-Modelle können so programmiert werden, dass sie auf lokale Notruffrequenzen zugreifen und so eine Koordination mit Polizei, Feuerwehr und medizinischen Teams ermöglichen.

- **Grenzüberschreitende Kommunikation** :
  Stellen Sie bei internationalen Hilfsmaßnahmen sicher, dass die Funkgeräte mit den von anderen humanitären Organisationen verwendeten Frequenzen kompatibel sind.

Strategien für Extremsituationen anpassen

Krisengebiete sind dynamisch und die Bedingungen können sich rasch ändern. Um diese Herausforderungen zu meistern, sind Flexibilität und Anpassungsfähigkeit der Kommunikationsstrategien von entscheidender Bedeutung.

1. Betrieb in Hochrisikogebieten

Hochrisikogebiete wie aktive Konfliktzonen oder Regionen mit unbeständigem Wetter erfordern spezielle Kommunikationstaktiken:

- **Protokolle für stille Kommunikation** :
  Verwenden Sie in Konfliktgebieten die
  Sprachaktivierung (VOX) sparsam und
  priorisieren Sie stille Signale oder verschlüsselte
  Nachrichten, um eine Entdeckung zu vermeiden.
- **Mobile Kommandoposten** : Richten Sie
  temporäre Kommunikationsknotenpunkte ein, die
  je nach Situation verlegt werden können.

2. Begrenzte Ressourcen verwalten

In Krisengebieten herrscht häufig ein Mangel an
Ressourcen, beispielsweise an Energie, Ausrüstung und
Personal:

- **Energieeinsparung** : Verwenden Sie
  solarbetriebene Ladegeräte oder
  Kurbelgeneratoren, um die Stromversorgung der
  Radios aufrechtzuerhalten.
- **Effiziente Gerätenutzung** : Lassen Sie die
  Funkgeräte abwechselnd unter den
  Teammitgliedern nutzen, um eine kontinuierliche

Kommunikation zu gewährleisten, ohne einzelne Geräte zu überlasten.

Fallstudie: Erdbeben in Haiti 2010

Beim Erdbeben in Haiti 2010 wurden herkömmliche Kommunikationssysteme zerstört, sodass Rettungsteams und Überlebende keine verlässlichen Mittel mehr hatten, sich zu koordinieren. Die Rettungskräfte waren in hohem Maße auf Handfunkgeräte, darunter auch Baoteng-Modelle, angewiesen, um inmitten der Trümmer zu kommunizieren. Dieses Beispiel aus der Praxis unterstreicht die entscheidende Rolle tragbarer Funkgeräte in Krisengebieten.

Der Einsatz in Krisengebieten erfordert sorgfältige Planung, anpassungsfähige Strategien und robuste Kommunikationsmittel. Baoteng-Funkgeräte sind eine Lebensader, mit der Rettungsteams ihre Einsätze koordinieren, Ressourcen verteilen und Leben retten können. Indem sie sich an etablierte Protokolle halten und angesichts sich ändernder Bedingungen flexibel bleiben, können Einsatzkräfte ihre Wirkung maximieren und den Erfolg ihrer Einsätze sicherstellen.

Teil 6: Fortgeschrittene Techniken beherrschen

Kapitel 18: Maßgeschneiderte Programmierung für individuelle Anforderungen

Mit zunehmender Beherrschung der Baoteng-Funkgeräte werden Sie feststellen, dass für eine effektive Kommunikation häufig eine Feinabstimmung des Geräts erforderlich ist, um bestimmte Betriebsanforderungen zu erfüllen. Durch maßgeschneiderte Programmierung können Benutzer ihre Funkgeräte für mehr Effizienz, Anpassungsfähigkeit und Effektivität in unterschiedlichen Szenarien anpassen. In diesem Kapitel werden fortgeschrittene Anpassungstechniken behandelt, wobei der Schwerpunkt auf der Kanalkonfiguration, der Verwendung von Alpha-Tags und anderen leistungsstarken Funktionen liegt.

Erweiterte Anpassung von Kanälen und Funktionen

Die Anpassung Ihres Baoteng-Radios geht über die einfache Frequenzeingabe hinaus. Mit der erweiterten Programmierung können Benutzer ihre Geräte für bestimmte Aufgaben und Umgebungen optimieren.

1. Erweiterte Kanalprogrammierung verstehen

Kanäle dienen als Rückgrat der Funkkommunikation und ermöglichen Benutzern den einfachen Zugriff auf verschiedene Frequenzen. Die erweiterte Anpassung umfasst:

- **Prioritätskanäle** : Weisen Sie kritische Frequenzen als Prioritätskanäle zu, um in Notfällen oder Situationen mit hohem Verkehrsaufkommen schnellen Zugriff zu ermöglichen.

- **Benutzerdefinierte Kanalgruppen** :
  Organisieren Sie Kanäle je nach Zweck in
  bestimmte Gruppen, z. B. Notdienste,
  persönliche Kommunikation oder taktische
  Operationen.
- **Kanalsperre** : Verhindern Sie versehentliche
  Übertragungen oder Störungen, indem Sie nicht
  verwendete Kanäle sperren.

2. Hinzufügen benutzerdefinierter Frequenzbereiche

Für bestimmte Vorgänge ist die Verwendung nicht
standardmäßiger Frequenzen erforderlich:

- **Erweiterte Frequenzabdeckung** : Schalten Sie
  erweiterte Frequenzbereiche auf Ihrem Baoteng-
  Radio frei, um auf spezielle
  Kommunikationsbänder zuzugreifen.
- **Einbindung bandübergreifender Frequenzen** :
  Ermöglicht die Kommunikation über
  verschiedene Bänder (z. B. UHF und VHF) für
  mehr Vielseitigkeit.

Verwenden von Alpha-Tags und anderen Kennungen für mehr Effizienz

In Stresssituationen kann es lebensrettend sein, schnell den richtigen Kanal zu finden. Alpha-Tags und andere Kennungen vereinfachen diesen Prozess, indem sie intuitive Bezeichnungen für Frequenzen bereitstellen.

1. Was sind Alpha-Tags?

Alpha-Tags sind anpassbare Bezeichnungen, die Kanälen zugewiesen werden. Anstatt sich bestimmte Frequenznummern zu merken, können Sie beschreibende Namen wie „Feuerwehr", „Team Alpha" oder „Wetterwarnung" zuweisen.

- **Vorteile von Alpha-Tags** :
  - Vereinfachen Sie die Kanalnavigation.
  - Reduzieren Sie menschliche Fehler in Notfällen.

○ Verbessern Sie die betriebliche Übersichtlichkeit in Gruppeneinstellungen.

2. Einrichten von Alpha-Tags

Die meisten Baoteng-Funkgeräte ermöglichen die Alpha-Tag-Programmierung über die Geräteschnittstelle oder Software wie CHIRP:

- **Manuelle Eingabe** : Greifen Sie auf das Menü des Radios zu und weisen Sie einzelnen Kanälen Tags zu.
- **Softwareeingabe** : Verwenden Sie CHIRP oder ähnliche Programme, um Tags effizienter einzugeben und zu verwalten.

Maximieren der Funktionsnutzung

Über Kanäle und Tags hinaus können fortgeschrittene Benutzer zusätzliche Funktionen nutzen, um die Leistung zu verbessern:

- **Benutzerdefinierte Warnungen** : Legen Sie einzigartige akustische oder visuelle Warnungen für bestimmte Kanäle oder Bedingungen fest.

- **Selektives Scannen** : Programmieren Sie das Radio so, dass nur bestimmte Frequenzgruppen gescannt werden. So wird Unordnung vermieden und die Konzentration verbessert.

- **Programmierbare Tasten** : Weisen Sie häufig verwendete Funktionen, wie das Umschalten der Leistungsstufe oder das Aktivieren von Privattönen, programmierbaren Tasten zu, um schnell darauf zugreifen zu können.

Anwendung im realen Leben: Such- und Rettungseinsätze

Bei Such- und Rettungseinsätzen kann eine maßgeschneiderte Programmierung den Unterschied zwischen Erfolg und Misserfolg ausmachen. Durch die Vorkonfiguration von Funkgeräten mit alphanumerischen Kanälen für verschiedene Teams (z.

B. medizinische, Logistik- und Suchteams) können Einsatzkräfte ihre Einsätze in dynamischen Umgebungen nahtlos koordinieren.

Durch maßgeschneiderte Programmierung wird Ihr Baoteng-Radio zu einem hochspezialisierten Kommunikationstool. Durch die Beherrschung fortgeschrittener Anpassungstechniken können Sie sicherstellen, dass Ihr Gerät den individuellen Anforderungen jeder Mission oder Umgebung gerecht wird. Egal, ob Sie ein Community-Netzwerk organisieren oder eine taktische Operation leiten, eine effektive Programmierung steigert sowohl die Effizienz als auch die Zuverlässigkeit.

Kapitel 19: Implementierung einer hochgradigen Verschlüsselung

In einer zunehmend digitalen und vernetzten Welt ist die Sicherung der Kommunikation von größter Bedeutung. Baoteng-Funkgeräte sind zwar vor allem für ihre Vielseitigkeit bekannt, können aber mit hochentwickelten Verschlüsselungstechniken zum Schutz vertraulicher Informationen ausgestattet werden. Dieses Kapitel befasst sich mit den Grundlagen der Verschlüsselung und konzentriert sich auf fortgeschrittene Methoden wie die One-Time-Pad-Verschlüsselung (OTP) und ihre taktischen Anwendungen.

Einführung in fortgeschrittene Verschlüsselungstechniken

Bei der Verschlüsselung werden Informationen in ein verschlüsseltes Format umgewandelt, auf das nur Personen mit dem richtigen Entschlüsselungsschlüssel zugreifen können. Für Funknutzer stellt die Verschlüsselung sicher, dass die Kommunikation vertraulich bleibt und nicht abgefangen werden kann.

1. Warum Verschlüsselung in der Funkkommunikation wichtig ist

Funksignale können von jedem mit der richtigen Ausrüstung abgefangen werden. Dies birgt Risiken, insbesondere in:

- **Taktische Operationen** : Verhindern Sie, dass Gegner wichtige Informationen erhalten.
- **Unternehmensumgebungen** : Schützen Sie vertrauliche Geschäftsgespräche.
- **Notfallreaktion** : Koordinierungsbemühungen vor Störungen schützen.

2. Einfache vs. erweiterte Verschlüsselung

Während einfache Verschlüsselungsmethoden gelegentliches Abhören verhindern können, bieten fortgeschrittene Techniken robuste Sicherheit:

- **Grundlegende Verschlüsselung** : Diese Methoden sind oft in das Radio integriert und zwar einfach, aber anfällig für ausgeklügelte Angriffe.
- **Erweiterte Verschlüsselung** : Integriert komplexe Algorithmen oder externe Geräte, um praktisch unknackbare Codes zu erstellen.

One-Time-Pad-Verschlüsselung für den sicheren taktischen Einsatz

Die One-Time-Pad-Verschlüsselung (OTP) ist eine der sichersten Kommunikationsmethoden. Dabei wird ein zufälliger Schlüssel (Pad) verwendet, der so lang ist wie die Nachricht selbst und nur einmal verwendet wird.

1. So funktioniert OTP

- **Schlüsselgenerierung** : Erstellen Sie einen zufälligen Schlüssel, der der Länge Ihrer Nachricht entspricht.
- **Verschlüsselung** : Kombinieren Sie den Schlüssel mit der Nachricht mithilfe modularer Arithmetik.
- **Entschlüsselung** : Der Empfänger verwendet denselben Schlüssel, um die Nachricht zu entschlüsseln.

2. Vorteile der OTP-Verschlüsselung

- **Unknackbare Sicherheit** : Bei richtiger Anwendung ist die OTP-Verschlüsselung mathematisch unknackbar.
- **Keine Mustererkennung** : Anders als andere Methoden hinterlässt OTP kein erkennbares Muster, das Angreifer ausnutzen könnten.

3. Praktische Anwendung von OTP in der Funkkommunikation

Obwohl OTP ressourcenintensiv ist, eignet es sich ideal für Szenarien, in denen viel auf dem Spiel steht:

- **Taktische Teams** : Verwenden Sie OTP zur Übermittlung kritischer Missionsdetails.
- **Humanitäre Missionen** : Schützen Sie sensible Daten in instabilen Regionen.
- **Verhinderung von Wirtschaftsspionage** : Sichere Kommunikation auf höchster Führungsebene.

Implementierung der
Verschlüsselung auf Baoteng-Radios

Obwohl Baoteng-Funkgeräte grundsätzlich keine hochgradige Verschlüsselung unterstützen, können Benutzer externe Geräte oder manuelle Verschlüsselungsmethoden einbinden:

- **Externe Verschlüsselungsmodule** : Schließen Sie spezielle Verschlüsselungsgeräte an Ihr Radio an, um eine sichere Kommunikation in Echtzeit zu ermöglichen.
- **Manueller Schlüsselaustausch** : Geben Sie Verschlüsselungsschlüssel vorab sicher frei, um sie manuell zu entschlüsseln.

Vermeidung von Lauschangriffen in taktischen Situationen

Verschlüsselung ist nur ein Teil der Kommunikationssicherheit. So minimieren Sie Risiken weiter:

- **Frequenzsprung** : Wechseln Sie regelmäßig die Frequenz, um langfristige Störungen zu vermeiden.

- **Bewusstsein für Signalstörungen** : Seien Sie bereit, den Kanal zu wechseln oder alternative Kommunikationsmethoden zu verwenden, wenn eine Störung erkannt wird.

Fallstudie: Militärische Operationen

Bei modernen Militäreinsätzen ist sichere Kommunikation von entscheidender Bedeutung. Um die Geheimhaltung von Operationen zu gewährleisten, werden häufig moderne Verschlüsselungsmethoden wie OTP eingesetzt. Durch die Integration ähnlicher

Techniken können Baoteng-Funknutzer ein hohes Maß an Sicherheit für ihre eigene Kommunikation erreichen.

Die Implementierung einer hochgradigen Verschlüsselung in Baoteng-Funkgeräten erhöht deren Nutzen und verwandelt sie in Werkzeuge für sichere und vertrauliche Kommunikation. Durch das Verstehen und Anwenden fortschrittlicher Techniken wie OTP können Benutzer ihre Übertragungen selbst vor den entschlossensten Gegnern schützen.

Kapitel 20: Zukünftige Entwicklungen in der Funkkommunikation

Der Bereich der Funkkommunikation entwickelt sich ständig weiter. Neue Technologien und Innovationen verbessern sowohl die Funktionalität als auch das Benutzererlebnis. In diesem letzten Kapitel untersuchen wir neue Trends, ihre möglichen Auswirkungen und wie Baoteng-Benutzer immer einen Schritt voraus sein können.

Neue Trends bei tragbaren Radios

Mehrere Entwicklungen prägen die Zukunft tragbarer Radios und erweitern die Grenzen der Leistungsfähigkeit dieser Geräte.

1. Integration mit digitalen Netzwerken

Immer beliebter werden Hybridgeräte, die klassisches Radio mit Digitaltechnik kombinieren:

- **Digital Mobile Radio (DMR)** : Bietet klareren Ton, bessere Reichweite und integrierte Datenfunktionen.
- **Mit dem Internet verbundene Radios** : Ermöglichen die globale Kommunikation über WLAN oder mobile Daten.

2. Verbesserte Frequenznutzung

Neue Fortschritte zielen auf eine Maximierung der Frequenzeffizienz ab:

- **Dynamische Spektrumzuweisung** : Verschiebt Benutzer automatisch auf weniger überlastete Frequenzen.
- **Kognitive Radiotechnologie** : Radios, die sich für optimale Leistung in Echtzeit an ihre Umgebung anpassen.

3. Miniaturisierung und tragbare Radios

Bei zukünftigen Radios stehen möglicherweise Portabilität und Benutzerfreundlichkeit im Vordergrund:

- **Tragbare Radios** : In Kleidung oder Accessoires integrierte Geräte zur freihändigen Bedienung.
- **Nanotechnologie** : Kleinere Komponenten ermöglichen leichtere, kompaktere Designs.

So bleiben Sie über technologische Fortschritte auf dem Laufenden

Um die neuesten Innovationen in der Funktechnologie optimal nutzen zu können, ist es wichtig, auf dem Laufenden zu bleiben.

1. Mit der Community interagieren

Treten Sie Foren, Online-Gruppen und lokalen Clubs bei, um mit anderen Enthusiasten in Kontakt zu bleiben:

- **Online-Communitys** : Plattformen wie Reddit oder spezialisierte Radioforen.
- **Amateurfunknetzwerke** : Nehmen Sie regelmäßig an Amateurfunkveranstaltungen teil.

2. Regelmäßige Schulungen und Zertifizierungen

Mit der Weiterentwicklung der Technologie verändern sich auch die Fähigkeiten, die für ihre effektive Nutzung erforderlich sind:

- **Fortbildungsprogramme** : Nehmen Sie an Kursen teil, die sich auf neue Funktechnologien konzentrieren.
- **Zertifizierungen** : Erhalten Sie Zeugnisse, die Ihre Fachkenntnisse in bestimmten Bereichen belegen.

3. Überwachung der Branchenentwicklungen

Folgen Sie den wichtigsten Akteuren und Branchenführern:

- **Hersteller-Updates** : Suchen Sie regelmäßig nach Firmware-Updates oder neuen Produkteinführungen.
- **Tech-Konferenzen** : Besuchen Sie Veranstaltungen, bei denen die neuesten Fortschritte in der Kommunikationstechnologie vorgestellt werden.

Zukunftsaussichten: KI und maschinelles Lernen

Künstliche Intelligenz (KI) wird die Funkkommunikation revolutionieren:

- **Automatisiertes Frequenzmanagement** : KI-Systeme könnten die Kanalnutzung ohne menschliches Eingreifen optimieren.
- **Vorausschauende Wartung** : Mit KI ausgestattete Radios können Hardwareprobleme diagnostizieren und vorhersagen, bevor sie auftreten.

Die Zukunft der Funkkommunikation ist vielversprechend und bietet spannende Möglichkeiten für Innovation und Wachstum. Indem sie informiert und anpassungsfähig bleiben, können Baoteng-Benutzer weiterhin das volle Potenzial ihrer Geräte ausschöpfen und sicherstellen, dass sie an der Spitze des technologischen Fortschritts bleiben.

Abschluss

Vertrauen in die Funkkommunikation schaffen

Die Beherrschung der Funkkommunikation ist eine transformative Reise. Von den Grundlagen der Einrichtung eines Baoteng-Funkgeräts bis hin zur Nutzung erweiterter Funktionen wie Verschlüsselung und taktischen Operationen deckt dieser Leitfaden alle Aspekte ab, die für eine effektive Kommunikation in unterschiedlichen Szenarien erforderlich sind.

Vertrauen in die Funkkommunikation erwirbt man durch Übung, Experimentieren und die Bereitschaft, ständig dazuzulernen. Wie Sie in diesem Buch gesehen haben, ist ein Baoteng-Funkgerät mehr als nur ein Gerät – es ist ein leistungsstarkes Werkzeug, das die persönliche Sicherheit, die betriebliche Effizienz und sogar die globale Konnektivität verbessern kann.

Die wichtigsten Erkenntnisse

- **Die Grundlagen beherrschen** : Das Verständnis grundlegender Konzepte wie Frequenzbänder, richtige Funketikette und wichtige Einstellungen ist entscheidend. Diese Grundlagen bilden die Basis, auf der fortgeschrittenere Techniken aufbauen.

- **Erweiterte Funktionen nutzen** : Funktionen wie VOX, Alpha-Tags und benutzerdefinierte Kanalprogrammierung verwandeln das Radio von einem einfachen Kommunikationsgerät in ein vielseitiges und effizientes Werkzeug, das auf Ihre Bedürfnisse zugeschnitten ist.

- **Sicherheit hat Priorität** : In einer Welt, in der Informationen Macht sind, ist die Gewährleistung einer sicheren Kommunikation durch Verschlüsselung und strategische Frequenznutzung von größter Bedeutung, insbesondere in taktischen oder sensiblen Szenarien.

- **Anpassungsfähigkeit an verschiedene Umgebungen** : Ob in einem Stadtzentrum, einer ländlichen Gemeinde oder in der abgelegenen Wildnis, Baoteng-Funkgeräte bieten die nötige Flexibilität und Zuverlässigkeit für eine klare Kommunikation.

Der Weg vom Anfänger zum Experten: Was kommt als Nächstes?

Dieses Buch markiert den Beginn Ihrer Reise in die Funkkommunikation. Wenn Sie Fortschritte machen, sollten Sie die folgenden Schritte in Betracht ziehen, um Ihre Fähigkeiten weiter zu verfeinern:

1. Engagieren Sie sich in der Community

Die Funkkommunikations-Community ist groß und einladend. Treten Sie lokalen Amateurfunkclubs bei, beteiligen Sie sich an Online-Foren und tauschen Sie sich mit anderen Enthusiasten aus. Der Erfahrungsaustausch und das Lernen von anderen wird Ihre Entwicklung beschleunigen.

2. Absolvieren Sie erweiterte Zertifizierungen

Erwägen Sie den Erwerb höherwertiger Lizenzen oder Zertifizierungen, insbesondere wenn Sie stärker regulierte Bänder und fortgeschrittene Betriebstechniken erkunden möchten. Zertifizierungen wie die General- oder Amateur Extra-Lizenz eröffnen breitere Möglichkeiten und Frequenzbereiche.

3. Lebenslanges Lernen

Technologie und bewährte Verfahren in der Funkkommunikation entwickeln sich ständig weiter. Bleiben Sie über neue Entwicklungen informiert, nehmen Sie an Workshops teil und halten Sie Ihre Ausrüstung auf dem neuesten Stand. Erkunden Sie fortgeschrittene Themen wie digitale Modi, Satellitenkommunikation und neue Verschlüsselungstechnologien.

4. Erweitern Sie Ihr Ausrüstungsarsenal

Mit Ihren wachsenden Anforderungen und Kenntnissen wächst auch Ihre Ausrüstung. Von modernen Antennen und Signalverstärkern bis hin zur Integration Ihres Radios in GPS und andere Peripheriegeräte gibt es immer Raum für Verbesserungen.

5. Üben Sie reale Szenarien

Selbstvertrauen kommt durch Erfahrung. Testen Sie Ihre Fähigkeiten regelmäßig in realen Situationen, beispielsweise bei der Teilnahme an gemeinnützigen Veranstaltungen, Notfallübungen oder sogar bei freundschaftlichen Wettbewerben wie „Fuchsjagden" in der Amateurfunk-Community.

Schlussworte

Ihr Weg vom Anfänger zum Experten in Sachen Funkkommunikation ist von kontinuierlichem Wachstum, Anpassungsfähigkeit und Service geprägt. Egal, ob Sie Ihr Baoteng-Funkgerät für die persönliche

Sicherheit, für professionelle Einsätze oder als Hobby verwenden, denken Sie daran, dass Kommunikation eine lebenswichtige Lebensader ist. Das Wissen und die Fähigkeiten, die Sie in diesem Buch erworben haben, sind nicht nur Werkzeuge – sie sind eine Investition in Ihre Fähigkeit, in Verbindung und vorbereitet zu bleiben, egal, welche Herausforderungen vor Ihnen liegen.

Anhänge

Glossar der wichtigsten Begriffe und Konzepte

Nachfolgend finden Sie ein Glossar wichtiger Begriffe und Konzepte, das Ihnen dabei hilft, sich in der Welt der Funkkommunikation zurechtzufinden:

- **Frequenz** : Die Geschwindigkeit, mit der ein Funksignal schwingt, gemessen in Hertz (Hz).
- **VHF (Very High Frequency)** : Frequenzen zwischen 30 MHz und 300 MHz, ideal für Sichtverbindungskommunikation.
- **UHF (Ultra High Frequency)** : Frequenzen zwischen 300 MHz und 3 GHz bieten eine kürzere Reichweite, aber eine bessere Durchdringung von Hindernissen.
- **VOX (sprachaktivierte Übertragung)** : Eine Funktion, die eine freihändige Bedienung durch Senden bei Tonerkennung ermöglicht.

- **CTCSS/DCS** : Subhörbare Töne, die zum Filtern von Übertragungen verwendet werden, sodass nur Kommunikation von Funkgeräten zugelassen wird, die den richtigen Ton übertragen.

- **Verschlüsselung** : Techniken zum Sichern der Kommunikation, um sie für unbefugte Mithörer unzugänglich zu machen.

- **Kanal** : Eine bestimmte Frequenz oder ein Frequenzpaar, das für die Kommunikation verwendet wird.

- **Repeater** : Ein Gerät, das ein Signal auf einer Frequenz empfängt und es auf einer anderen weitersendet, um die Kommunikationsreichweite zu erweitern.

- **One-Time Pad (OTP)** : Eine hochsichere Verschlüsselungsmethode, bei der zum Verschlüsseln und Entschlüsseln einer Nachricht ein zufälliger Schlüssel verwendet wird.

- **Alpha-Tag** : Eine anpassbare Bezeichnung für einen Radiokanal, die eine einfachere Identifizierung und Verwendung ermöglicht.

Leitfaden zur Fehlerbehebung bei häufigen Problemen

Selbst die erfahrensten Benutzer haben gelegentlich mit technischen Problemen zu kämpfen. Nachfolgend finden Sie eine Anleitung zur Fehlerbehebung bei einigen häufigen Problemen mit Baoteng-Radios:

1. Das Radio lässt sich nicht einschalten

- **Lösung** : Überprüfen Sie die Akkuladung und stellen Sie sicher, dass der Akku richtig angeschlossen ist. Versuchen Sie, den Akku auszutauschen, wenn das Problem weiterhin besteht.

2. Schlechte Signalqualität

- **Lösung** : Stellen Sie sicher, dass Ihre Antenne sicher befestigt und unbeschädigt ist. Versuchen Sie, eine Antenne mit höherer Verstärkung zu verwenden oder sie an einem Ort mit weniger Hindernissen zu positionieren.

3. Kein Zugriff auf einen Repeater möglich

- **Lösung** : Überprüfen Sie, ob Frequenz, Offset und CTCSS/DCS-Töne des Repeaters richtig programmiert sind. Stellen Sie sicher, dass Sie sich in Reichweite befinden.

4. VOX wird nicht aktiviert

- **Lösung** : Überprüfen Sie die Empfindlichkeitseinstellungen im VOX-Menü. Stellen Sie sicher, dass die Umgebung ruhig genug ist, damit die Funktion korrekt aktiviert wird.

5. Niedrige Audioausgabe

- **Lösung** : Passen Sie die Lautstärkeeinstellungen an. Wenn das Problem weiterhin besteht, überprüfen Sie den Lautsprecher auf Blockaden oder Schäden.

6. Überhitzung des Geräts

- **Lösung** : Vermeiden Sie längere Übertragungen und stellen Sie sicher, dass das Gerät nicht über längere Zeit direktem Sonnenlicht ausgesetzt ist.

Liste der Notruf- und taktischen Frequenzen

Die Vorbereitung auf Notfälle hängt in hohem Maße davon ab, die richtigen Frequenzen zu kennen. Nachfolgend finden Sie eine Liste häufig verwendeter Frequenzen für verschiedene Szenarien:

Notdienste

- **NOAA-Wetterradio** : Frequenzen zwischen 162,400 MHz und 162,550 MHz.
- **Lokale Polizei- und Feuerwehrdienststellen** : Suchen Sie in den lokalen Frequenzdatenbanken nach bestimmten Kanälen.

- **Allgemeine Notfallkommunikation** :
  Verwenden Sie für Flugnotfälle bestimmte
  Frequenzen wie 121,5 MHz.

Amateurfunk-Notruffrequenzen

- **2-Meter-Band** : Zu den beliebten
  Notruffrequenzen gehört 146,520 MHz
  (nationale Ruffrequenz).
- **70-Zentimeter-Band** : 446,000 MHz wird häufig
  für Notfallkommunikation verwendet.

Taktische Kommunikation

- **MURS (Multi-Use Radio Service)** : Frequenzen
  zwischen 151,820 MHz und 154,600 MHz für
  den taktischen oder persönlichen Gebrauch.
- **FRS/GMRS-Kanäle** : Werden häufig in
  taktischen Szenarien mit kurzer Reichweite
  verwendet.

Suche und Rettung

- **Marinebandkanäle** : Kanal 16 (156,8 MHz) für Notrufe.
- **Luftfahrtband** : 121,5 MHz für Notfunkfeuer.

Diese Anhänge dienen als Kurzreferenz für Begriffe, Fehlerbehebung und wichtige Frequenzen und statten Sie mit den Werkzeugen und Kenntnissen aus, die Sie für eine effektive Funkkommunikation benötigen. Egal, ob Sie Anfänger oder fortgeschrittener Benutzer sind, wenn Sie diese Informationen immer zur Hand haben, wird dies Ihr Selbstvertrauen und Ihre Einsatzbereitschaft in jeder Situation steigern.

Hinweise

Hinweise

Hinweise

www.ingramcontent.com/pod-product-compliance
Lightning Source LLC
Chambersburg PA
CBHW071457220526
45472CB00003B/834